探寻恐龙奥秘

TANXUN KONGLONG AOMI

恐龙大百科

张玉光◎主编

青岛出版集团 | 青岛出版社

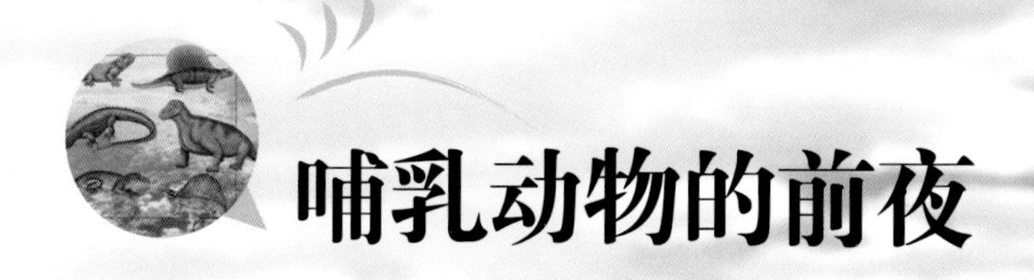

哺乳动物的前夜

你也许会很好奇，哺乳动物是什么时候闪亮登场的呢？其实，真正的哺乳动物和恐龙一样，出现在三叠纪。不过，在更遥远的石炭纪、二叠纪，地球上曾出现过一种神奇的动物。虽然它们本质上依旧是爬行动物，但从某种意义上讲它们离哺乳动物又很近。这类动物就是哺乳动物的祖先——似哺乳爬行动物。

演化的源头

石炭纪是地球上生命演化的一个转折时期。从这时起，在地球上出现了真正意义上告别水域能长期生活在干燥地面的物种——爬行动物。可以说，此时的爬行动物是除昆虫外绝大多数陆生动物的始祖。

世界上最早的爬行动物之一——林蜥

同依旧摆脱不了对水环境依赖的两栖动物相比，爬行动物无疑取得了很大的进步。它们的皮肤表面长满粗糙的鳞甲，既能保护柔嫩的肌肤，又能阻挡水分的流失。

皮肤裸露的笠头螈

随着时间的推移，石炭纪即将走到尽头。但是，不知从何时起，一群从爬行动物里分化出来的似哺乳爬行动物开始在陆地上活跃。到了二叠纪，这些家伙变得强盛兴旺起来，有的甚至成为可怕的掠食者。

皮糙肉厚的油页岩蜥

别具一格的似哺乳爬行动物

似哺乳爬行动物在石炭纪到二叠纪时期一直都表现得很特立独行。虽然它们和哺乳动物在名字上差不多，但二者在本质上相距甚远。可以说，它们是爬行动物，但身上又出现了一些与众不同的特征，显得不伦不类。

分化的牙齿

古生物学家通过研究，发现牙齿的多样演化是似哺乳爬行动物走向另一条演化道路的关键。通过右侧 3 张头骨图片可以看出，跟爬行动物口腔中形状、大小几乎一模一样的同形齿比起来，似哺乳爬行动物的牙齿要更加接近于哺乳动物的牙齿，已经明显地分化成作用不同的门齿、犬齿、颊齿（前臼齿、臼齿）等。通常，古生物学家把牙齿的形态作为鉴定动物种类的重要标准之一。

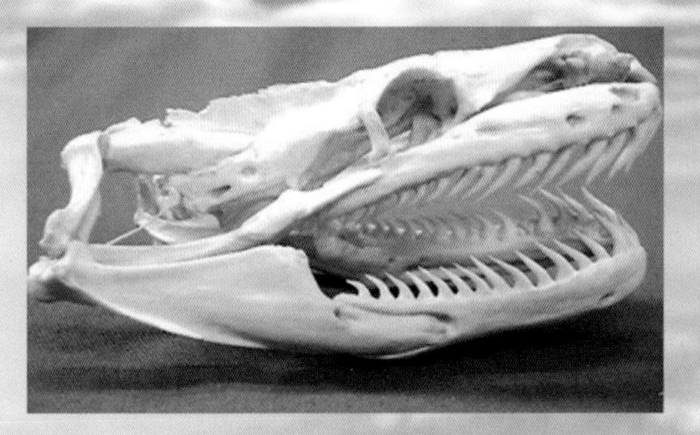

爬行动物的头骨

似哺乳爬行动物的头骨

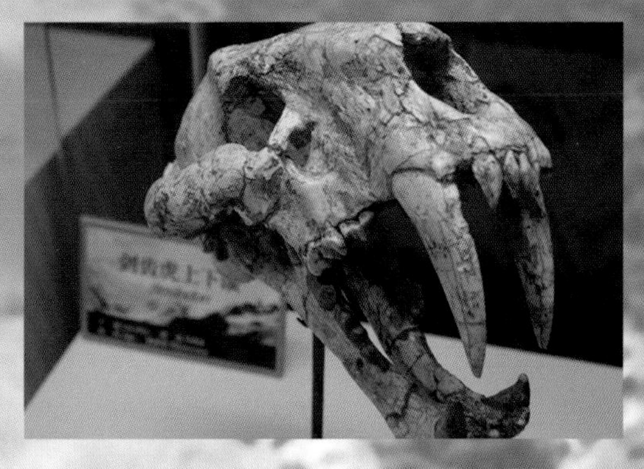

哺乳动物的头骨

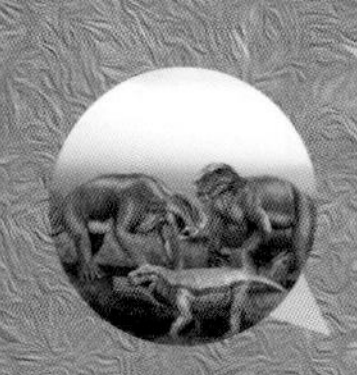

匆匆过客——似哺乳爬行动物

似哺乳爬行动物是爬行动物和哺乳动物之间的过渡族群。它们在石炭纪末期出现，于二叠纪壮大、兴盛，在大灭绝时期遭受重创，在三叠纪早期彻底灭绝。相对于地球漫长的历史而言，似哺乳爬行动物只是一群短暂的匆匆过客。但是，它们终究在这颗星球上留下了属于自己的印迹。

盘龙类

三角龙

虽然盘龙类动物名字里带着“龙”字，但它们并不是恐龙，而是属于似哺乳爬行动物。它们生存的年代远比恐龙的生存年代早很多。盘龙类动物早期的外表形态非常原始。这是因为它们刚刚从爬行动物中演化出来。后期时，盘龙类动物演化得愈加成熟，已十分接近于哺乳动物。

杯鼻龙

兽孔类

兽孔类是盘龙类在接近演化晚期时分化出来的支系。这一类动物也是似哺乳爬行动物，但要比盘龙类动物进步许多。它们头部两侧的颞区（相当于人类的太阳穴）出现了颞颥孔，牙齿也开始分化成不同的类型。这些都是哺乳动物的典型特征。兽孔类在二叠纪非常活跃，在陆地上“称王称霸”，直到遭受“大灾难”重创，才慢慢退出历史的舞台。

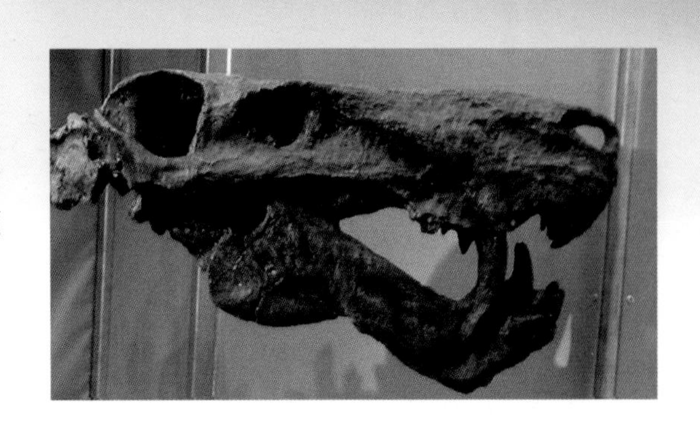

右图为兽孔类动物的头骨化石，其头部出现颞颥孔，牙齿开始分化。

活跃的兽孔类动物

始巨鳄

始巨鳄生存在2.5亿多年前，是一种大型似哺乳爬行动物。它们以肉类为食，可牙齿的数量却不多。它们眼睛后面的颞颥孔虽然很小，但相比于其他鳄类仍然是最大的。

大　　小	体长约为5米
生活时期	二叠纪晚期
栖息环境	树林
食　　物	肉类
化石发现地	俄罗斯

化　石　始巨鳄的牙齿 >>>

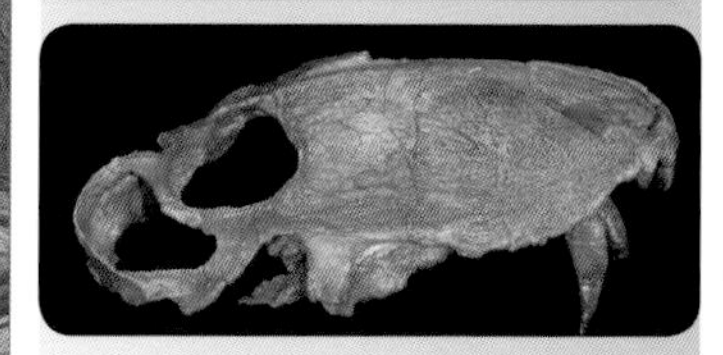

与其他肉食动物比起来，始巨鳄牙齿数量少。不过，它们的上下颌上开始长出大型犬齿。

类似哺乳类的动物

始巨鳄是最早出现的似哺乳爬行动物之一。这类动物只有部分特征与哺乳类动物相似。始巨鳄身上只有外表有体毛、恒温、胎生等特征与哺乳动物相似，所以只能算是形似哺乳类。

原始的鳄类

始巨鳄生活在二叠纪晚期，身体结构还比较原始。比如：它们眼睛后面的颞颥孔虽然很小，但仍是当时鳄类中最大的。这也是它们比其他鳄类咬合力强的原因之一。

正要吞食猎物尸体的始巨鳄

基　龙

基龙存活于二叠纪早期。它们的脊椎骨结构非常特别。除此之外，它们密集的钉状齿也很容易辨认。它们体长最长有3米，体重超过300千克。不过，跟生活于同一时期的异齿龙不同，它们喜欢吃植物。

化　石　牙齿 >>>

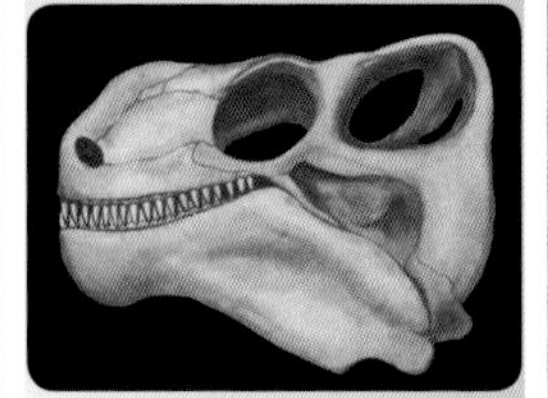

基龙是大型植食动物。与粗笨的、倒置的桶状身体相比，它们的头显得很小。它们的牙齿密集而呈钝圆锥形。

比恐龙更早的“古兽”

早在恐龙出现之前，基龙就已经完全灭绝了。它们具有类似蜥蜴或鳄类的四肢构造，是比恐龙更古老的爬行动物，但并不属于恐龙。

大　　小	体长为0.5～3米
生活时期	二叠纪早期
栖息环境	森林
食　　物	植物
化石发现地	欧洲、美洲

因何灭绝？

基龙生活在二叠纪早期。这一时期，陆地上的气候越来越干旱，土地开始呈现沙漠化，导致许多动物消失、灭绝。基龙就是当时灭绝的动物之一。

始祖单弓兽

始祖单弓兽是一种羊膜动物——以产卵或卵胎生的方式产下幼崽，由羊膜保护幼崽成长的动物。它们生存于石炭纪中晚期，是目前已知的最古老的合弓类动物之一。

环境所迫

始祖单弓兽为了躲避水中生物对幼卵的威胁，同时为了适应陆地环境，逐渐演化出被羊膜包裹的卵——羊膜卵。这样，它们就能直接把卵产在陆地上，并让幼崽在陆地上成长、生活。

捕猎小能手

与蜥蜴相似，始祖单弓兽体形娇小，四肢擅长攀爬，常在树枝间寻找食物。一旦发现目标，它们往往会先悄悄地靠近猎物，然后突然袭击，一口将猎物咬住，吃进肚子里。

悄悄靠近昆虫的始祖单弓兽

大　　小	体长约为 50 厘米
生活时期	石炭纪晚期
栖息环境	森林、沼泽
食　　物	肉类
化石发现地	加拿大、美国

犬颌兽

犬颌兽和狗很相像。它们牙齿锋利，身体强壮，性格凶猛，是残暴的肉食动物。

“小胖墩儿”

犬颌兽生活在三叠纪早期，因与狗的外形相似而得名。它们虽是凶猛的野兽，但与同时期的肉食恐龙比起来显得又矮又胖，看上去就是“小胖墩儿”。

如何生活？

有人猜测，犬颌兽身材圆滚滚的，可能是缺乏运动造成的。因此，它们可能常常捡食其他食肉动物剩下的残肉，而不是自己去打猎。

“大脑壳”

犬颌兽的头骨很大，超过30厘米。这个“大脑壳”十分坚硬，上面长有锋利的犬牙和强有力的上下颌。

集体享用战利品的犬颌兽

大　　小	体长约为1米
生活时期	三叠纪早期
栖息环境	树林
食　　物	肉类，包括腐肉
化石发现地	中国、南非、南美洲等

中生代的哺乳动物

真正的哺乳动物出现在三叠纪晚期。那时的它们虽然非常原始，但已分化出始兽类、异兽类以及真兽类 3 种类型，并且真正具备了兽类形态。

捕猎小能手

始兽类在分类上也叫“始兽亚纲”，是早期哺乳动物较为传统的类别，大致经历了三叠纪以及侏罗纪。被分配到这一类里的基本是一些非常原始的哺乳动物，主要分为柱齿兽和三尖齿兽两类。和似哺乳爬行动物比起来，它们更加进步，外表与内在都演化成了哺乳动物，虽然还不是很成熟，但终究迈出了生物演化的重要一步。

柱齿兽复原图

异兽类

异兽类只有一个单独的科属，即多瘤齿兽类。这类动物外表上十分接近现代哺乳动物中的啮齿类动物（如老鼠等），体形娇小。古生物学家根据化石推测：它们主要以植物为食，也可能吃些昆虫。它们体表长有毛发，拥有十分明显的哺乳动物的姿态。

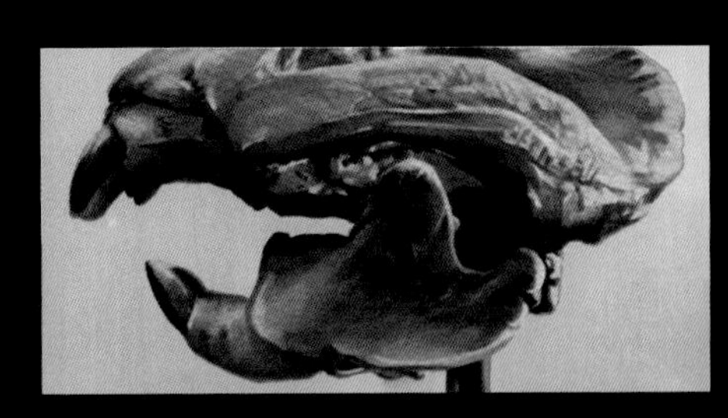
多瘤齿兽类动物的头骨

真兽类

跟前面的两类早期哺乳动物相比，真兽类动物无疑要进步得多。它们脑颅较大，智力较发达，适应环境变化的能力增强；牙齿进一步分化，拥有了更加全面的功能；繁衍方式变成靠胎盘生育，使幼崽的成长、发育变得更加顺利。正是由于种种优越性，真兽类在后来成为地球的主宰，是哺乳动物里演化最成功的类群。

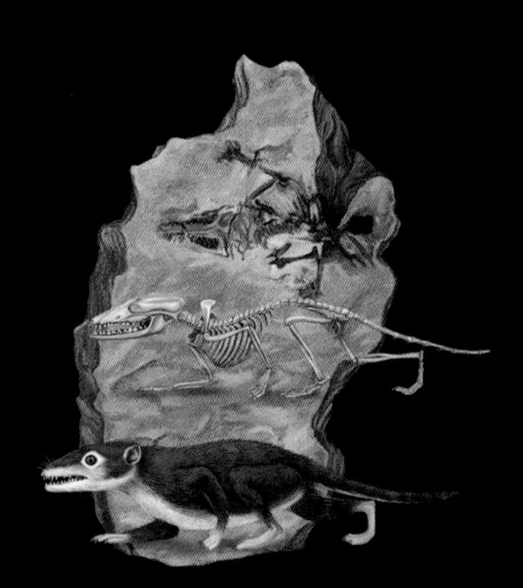
目前最古老的真兽类动物中华侏罗兽的化石、骨架、复原图

通过颌骨化石，我们能清楚地发现，柱齿兽牙齿已经分化，有发达的犬齿和适于咀嚼的颊齿。

始祖兽

始祖兽是最早的哺乳动物之一，其化石出土于我国辽宁省义县。它们体长为 10 厘米左右，与现代的老鼠差不多大小。

擅长攀援

始祖兽的肩部、肢骨以及细长的足趾非常适合攀缘。因此，古生物学家推测它们很擅长在灌木丛中或树枝间攀爬，以此寻找食物或躲避敌人。

古老的化石

人们已发现的始祖兽化石显示，始祖兽的生存时代距今约有 1.25 亿年。尽管这块化石显示始祖兽的头骨已被压扁，但其他部分——牙齿、足骨、软骨以及表皮的毛发——都显示得一清二楚。

化　石　始祖兽的牙齿

始祖兽的牙齿尖利锋锐，具有很多真兽类动物牙齿的典型特征。这些特征无疑表明始祖兽主要以昆虫为食。

始祖兽化石

大　小	体长约为 10 厘米
生活时期	白垩纪早期
栖息环境	河岸边、树丛
食　物	昆虫
化石发现地	中国

正在树上捕食的始祖兽

中国锥齿兽

中国锥齿兽是生存于侏罗纪早期的哺乳动物，其化石发现于我国云南，因牙齿呈锥子形状而得名。它们虽然属于早期哺乳类动物，但仍保留着爬行类一生都在不断换牙的习性。

原始的“小不点儿”

中国锥齿兽由于颊齿尚未分化成前臼齿和臼齿，上下牙齿之间无法严丝合缝地咬合，因此不能轻易地将食物磨碎。这些结构特征比较原始，说明中国锥齿兽还没有演化成进步的哺乳类。

昼伏夜出

与同期生活的其他动物比起来，中国锥齿兽体形小、力气弱，很容易受到伤害。为了减少危险，它们只好昼伏夜出，在黑夜中捕食昆虫和其他小型动物填饱肚子。

化石　锥子牙 >>>

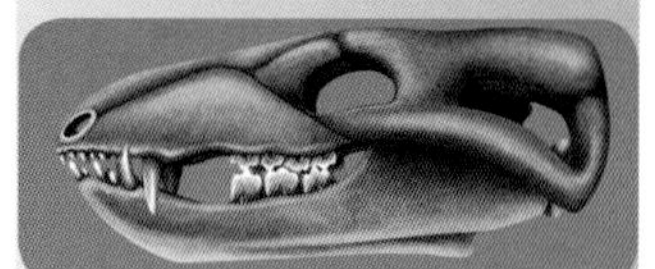

中国锥齿兽的吻部又细又窄。它们嘴里有许多锥子形状的牙齿，而且咬合力很强，能很容易咬碎昆虫的甲壳。

大　　小	体长为 10 ～ 15 厘米
生活时期	侏罗纪早期
栖息环境	林地
食　　物	可能主要吃昆虫
化石发现地	中国

正在夜间寻找食物的中国锥齿兽

摩尔根兽

摩尔根兽生活在约 2.5 亿年前的三叠纪中晚期，是人们目前发现的地球上最早的哺乳类代表之一。它们的化石大部分出土于英国南威尔士地区，但近年来也有人在中国发现了它们的化石。

化 石　下颌构造 >>>

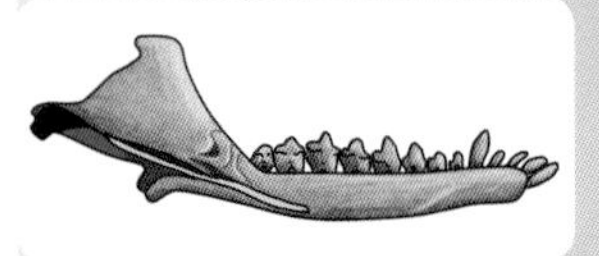

摩尔根兽的下颌骨由单一的齿骨组成。下颌内侧有条沟，里面保留着原始的一小块关节骨。这让我们联想到它们可能起源于早期的爬行动物。

鼠模鼠样

摩尔根兽体形娇小，是目前已知的地球上最早的哺乳类代表之一。它们有短短的腿和长长的尾巴，外形看上去像极了老鼠，具有爬行动物与哺乳动物的混合特征。

多种牙齿

摩尔根兽已具有哺乳类的部分特征：有较小的门齿，单个的、大而尖锐的犬齿，以及表面上有许多齿尖的前臼齿和臼齿。这些牙齿在进食和咀嚼食物时能够起到不同的作用。

摩尔根兽的下颌骨与牙齿分布

大　小	未知
生活时期	三叠纪至侏罗纪早期
栖息环境	林地
食　物	昆虫
化石发现地	中国、美国、英国威尔士

多瘤齿兽

多瘤齿兽是一种外表像老鼠的小型哺乳动物，生存于侏罗纪至渐新世早期，存在了 1.3 亿多年。这期间，它们从地下洞穴搬到树上，并且逐渐适应了树上生活。

从地下搬到树上

多瘤齿兽生活在侏罗纪至渐新世早期，当时陆地上有许多食肉动物。为了生存，多瘤齿兽只能躲在地下的洞穴里，等到晚上才出来觅食。后来，它们借助强壮的四肢和灵活的尾巴爬到树上去生活。

多功能的牙齿

多瘤齿兽的前臼齿形状特殊。这些牙齿比其他颊齿更大、更长，而且具有锯齿状的切合表面，能帮助瘤齿兽轻松地食用种子和坚果以及小型的昆虫等。

大　小	未知
生活时期	侏罗纪至渐新世早期
栖息环境	树林
食　物	以昆虫为主
化石发现地	北美洲、欧洲

化　石　有结节的牙齿 >>>

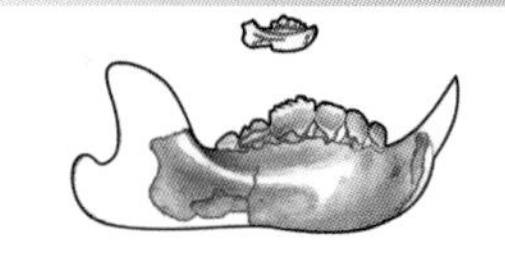

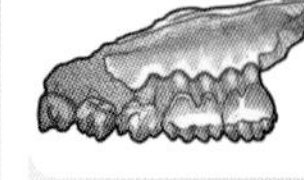

多瘤齿兽的牙齿包括凿状的门齿和颊齿，每个颊齿上都有较小的结节，看上去像在牙齿上长出的瘤状物一样。它们正是因此而得名。

在树上生活的多瘤齿兽

重褶齿猬

重褶齿猬生存于白垩纪晚期，外表像老鼠。它们尾巴长长的，十分灵活；后肢强壮有力，比前肢长很多；前爪很小，不能抓握。重褶齿猬的鼻拱尖尖的，向上翘起，非常敏感。

它们才不是鼠！

重褶齿猬外形看着像老鼠。不过，它们与老鼠还是不一样的。第一，老鼠是胎生动物，而重褶齿猬的繁殖方式尚不确定；第二，老鼠的前爪可以抓握食物，但重褶齿猬的前爪却不能抓握。另外，重褶齿猬的后肢比前肢长出许多，这一点也与老鼠不同。

不会爬树

重褶齿猬的前肢十分短小，而且不能抓握东西。所以，它们不能像其他小动物那样爬树。科研人员推测，重褶齿猬可能生活在地下洞穴里，以昆虫为食。

化 石　尖鼻子 >>>

重褶齿猬的鼻子尖尖的，有点儿像“人”字形。它们的鼻子向上翘起，非常敏感，能够准确嗅到躲藏起来的昆虫。

大　　小	体长约为 20 厘米
生活时期	白垩纪晚期
栖息环境	草地
食　　物	昆虫
化石发现地	蒙古国

重褶齿猬的后肢比前肢长出很多。

哺乳动物中的王者

中生代结束以后，不再被恐龙压制的哺乳动物焕发了演化史上的“第二春”，以一种近乎恐怖的速度发展壮大。很快，它们的足迹遍及全球。这时的哺乳动物不再是“獐头鼠目”的模样，而是走向了各自不同的演化道路。到第四纪时，人类正式登上了历史的舞台。

提起猛兽，人们往往会想到老虎、狮子、猎豹等。可是，你有没有注意到它们都是大型猫科动物？

这并不是现生动物独有的现象。实际上，早在新生代早期，哺乳动物中就曾演化出许多凶暴的大型猫科动物，比如剑齿虎、恐猫等。它们在当时属于陆地上顶尖的肉食动物。

人类的出现是生物演化史乃至地球发展历史上的一个重大转折点。经历漫长岁月的洗礼，人类从原始的灵长类中慢慢地演化出来，由孱弱走向强大，一步步走到了今天。

从猿到人的演化，由原始蒙昧走向文明

剑齿虎

剑齿虎生存于气候寒冷的第四纪冰川时期，为大型肉食动物，其剑形犬齿约有 12 厘米。它们是史前最大的猫科动物，也是现代老虎的“大哥”。

化 石 头骨 〉〉〉

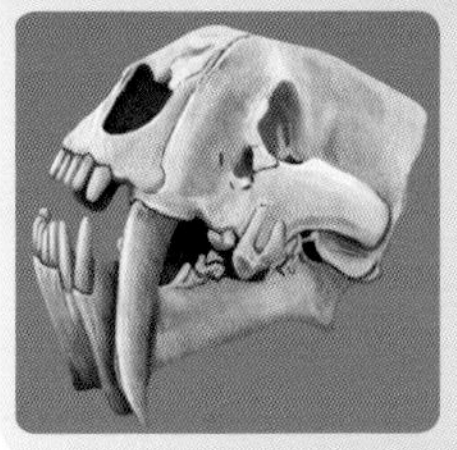

剑齿虎与现代的老虎差不多大，但它们的上犬齿却要长得多，甚至比野猪的獠牙还要长，好像两把倒插的短剑。

大　　小	体长约为 2.7 米
生活时期	上新世至更新世
栖息环境	平原、草原
食　　物	肉类
化石发现地	中国、美国

优势与弱点

剑齿虎的上下颌能张开约 90 度，上犬齿长约 12 厘米，边缘呈锯齿状。这样的牙齿能轻易刺穿猎物的咽喉。不过，剑齿虎的“剑齿”并不坚硬，不足以直接咬断猎物的脖子。

出色的猎手

与其他猫科动物一样，剑齿虎肌肉发达，奔跑迅速，是出色的捕猎高手。当时的美洲野牛、马以及猛犸象的幼崽等动物都是剑齿虎最爱的食物。

恐　猫

恐猫是一种长得很像金钱豹的猫科动物，生活在距今500多万年前的亚欧大陆。由于长相与剑齿虎相像，因此它们又被叫作“伪剑齿虎”。

“我”会爬树

恐猫与现代的花豹一样擅长爬树，并且会把捕获的猎物拖到树上，独自慢慢地享用。只不过，它们的动作没有花豹那么敏捷。

抓猎物靠智取

恐猫的捕猎方式与众不同。其他动物大多在白天捕猎，它们却喜欢夜间偷袭。这样，捕杀猎物时不用拼命地狂追和肉搏。

大　小	体长约为2米
生活时期	上新世至更新世
栖息环境	森林
食　物	肉类
化石发现地	亚洲、欧洲、非洲、北美洲

化　石　牙齿 >>>

恐猫犬齿比较粗短，反而更适合捕食灵长类动物。由于短粗的牙齿更加坚固，它们可以直接咬开灵长类动物的脖子，甚至能够啃咬头骨。

雕齿兽

雕齿兽和现在生活在南美洲的大犰狳长得很像。它们全身覆盖着坚硬的甲壳，在地上爬行的时候犹如移动的战车。在冰河时期，雕齿兽和其他大型哺乳动物一起灭绝，它们的近亲——犰狳却存活了下来，并且一直存活到现在。

铁甲武士

雕齿兽堪称哺乳动物中的“铁甲武士”，不但身上长着坚硬的、巨大的“盔甲”，还长有管状的尾巴。它们的尾巴内有环形骨，末端还有厚角质化的刺，就像带刺的巨型棍棒，是防御利器。

不一样的甲壳

雕齿兽的外壳是由表皮结构衍生出来的坚硬骨片与角质化硬皮镶嵌而形成的厚重的鳞甲。每个骨片都呈六角形，相互交错在一起，既有足够的硬度，又能随着雕齿兽的行动灵活地变形与摆动。不过，这种背壳不允许雕齿兽将头缩进去，于是它们只好在头骨上长出硬硬的骨冠来保护头部。

大　小	体长为3～4米
生活时期	上新世至全新世
栖息环境	大草原
食　物	青草
化石发现地	南美洲

真猛犸象

真猛犸象又名“长毛象”，是种生存在冻原的动物。它们浑身长满毛，耳朵又圆又小，背上长有能储存脂肪的“驼峰”，皮肤下面还有厚厚的脂肪。因此，即使生活在寒冷的冻原地带，它们也并不怕冷。

厚厚的“毛大衣”

真猛犸象因身披又长又厚的皮毛也被叫作“长毛象”。它们身上细密的长毛甚至可垂到地面，把身体遮盖得严严实实的，就像给它们穿上了厚厚的“毛大衣”。

皮糙脂肪厚

真猛犸象主要活动在气候寒冷的冻原地带。为了适应环境，它们的皮长得很厚，而且皮肤下面具有非常厚的脂肪层。

真猛犸象过着群居生活，一起外出、觅食。有人猜测，万一遭遇恶劣的严寒天气，它们会像企鹅一样堆挤在一起互相取暖。

大　小	体长约为 3.5 米
生活时期	全新世
栖息环境	冻原
食　物	干草、灌木、树皮
化石发现地	亚洲、欧洲、北美洲

一起外出觅食的真猛犸象一家

森林古猿

森林古猿约生活于中新世，具备人类与猿类的部分体质特征。它们像黑猩猩一样，习惯在树上生活。但是，与黑猩猩用手指点地行走的方式不同，森林古猿走路时整个脚掌都是着地的。

共同的祖先

森林古猿体长约为 60 厘米，比现代的黑猩猩小一些。除此以外，它们与黑猩猩长得差不多。古人类学家认为，森林古猿具备了猿类与人类的部分体质特征，可能是类人猿和人类共同的祖先。

脚踏实地

森林古猿行走时会把整个脚掌踩在地面上。这与黑猩猩用手指关节点地走路的方式不同。看来，森林古猿可能对“脚踏实地”的生活并不排斥。

大　　小	体长约为 60 厘米
生活时期	中新世
栖息环境	森林
食　　物	以果实为主
化石发现地	亚洲、欧洲、非洲

化　石　齿骨 >>>

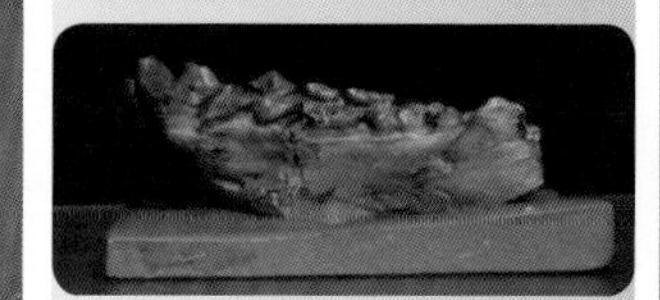

人们最早发现的森林古猿化石出土于法国，是一块包含牙齿的下颌骨化石。从化石来看，森林古猿犬齿发达，且具有臼齿。这种牙齿能磨碎粗糙的植物，有助于促进食物消化。

南方古猿

1924 年，人们第一次发现了南方古猿化石，并将化石标本简称为“南猿”。它们比其他猿类更接近现代人类——约有现代人 1/3 大小的大脑，皮肤上长有长毛，并且能直立行走。因此，它们被认为是猿类向人类转变的重要过渡物种。

首领之争

科学家认为，南方古猿过着群居生活。一个群体往往由一只雄性和数只雌性组成，以雄性古猿为群体的首领。不过，首领并不是固定的，可能随时会受到其他雄性的挑战。

离开森林

南方古猿虽然也会在森林里活动，但常常到开阔的草原散步、觅食。这样一来，它们选择栖息地时，大多会选择既有森林又临近草原的地方。

大　小	体长约为 1.5 米
生活时期	上新世至更新世
栖息环境	森林
食　物	以植物为主
化石发现地	非洲

尼安德特人

尼安德特人额头扁平，下颌角圆滑，是一群身体健壮、头脑聪明的古人类。他们会用火和工具，拥有固定的“房子”。科学家认为，尼安德特人是现代欧洲人祖先的近亲。

怎样防寒？

尼安德特人生活在非常寒冷的冰期。不过，他们很聪明，知道躲进山洞避风保暖，并且把动物的皮毛裹在身上。这样一来，只要他们不离开洞穴，就不用担心被寒冷的天气冻伤或冻死。

多样的生活工具

尼安德特人的生活工具种类多样，除了重型的手斧，还有块状的石刀、短剑以及将动物毛皮绑在棍子上的石矛。

大　　小	身高为 1.5 ～ 1.6 米
生活时期	更新世
栖息环境	草原和林地
食　　物	以肉类为主
化石发现地	欧洲、亚洲、非洲

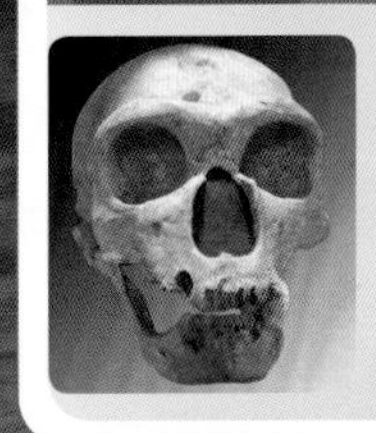

根据头骨化石，尼安德特人在外貌上和现代欧洲人比较接近——拥有宽脸盘、大鼻子、深眼窝。

身披防寒兽皮大衣的尼安德特人正在打磨石制工具。

图书在版编目(CIP)数据

探寻恐龙奥秘. 8, 进化路上的同行者 / 张玉光主编. —青岛:青岛出版社, 2022.9
(恐龙大百科)
ISBN 978-7-5552-9869-4

Ⅰ. ①探… Ⅱ. ①张… Ⅲ. ①恐龙 - 青少年读物 Ⅳ. ①Q915.864-49

中国版本图书馆CIP数据核字(2021)第118796号

书　　名	**恐龙大百科:探寻恐龙奥秘 (进化路上的同行者)**
主　　编	张玉光
出版发行	青岛出版社(青岛市崂山区海尔路 182 号)
本社网址	http://www.qdpub.com
责任编辑	朱凤霞
美术设计	张　晓
绘　　制	央美阳光
封面画图	高　波
设计制作	青岛新华出版照排有限公司
印　　刷	青岛新华印刷有限公司
出版日期	2022 年 9 月第 1 版　2022 年 10 月第 1 次印刷
开　　本	16 开(710mm × 1000mm)
印　　张	12
字　　数	240 千
书　　号	ISBN 978-7-5552-9869-4
定　　价	128.00 元(共 8 册)

编校印装质量、盗版监督服务电话:4006532017　0532-68068050

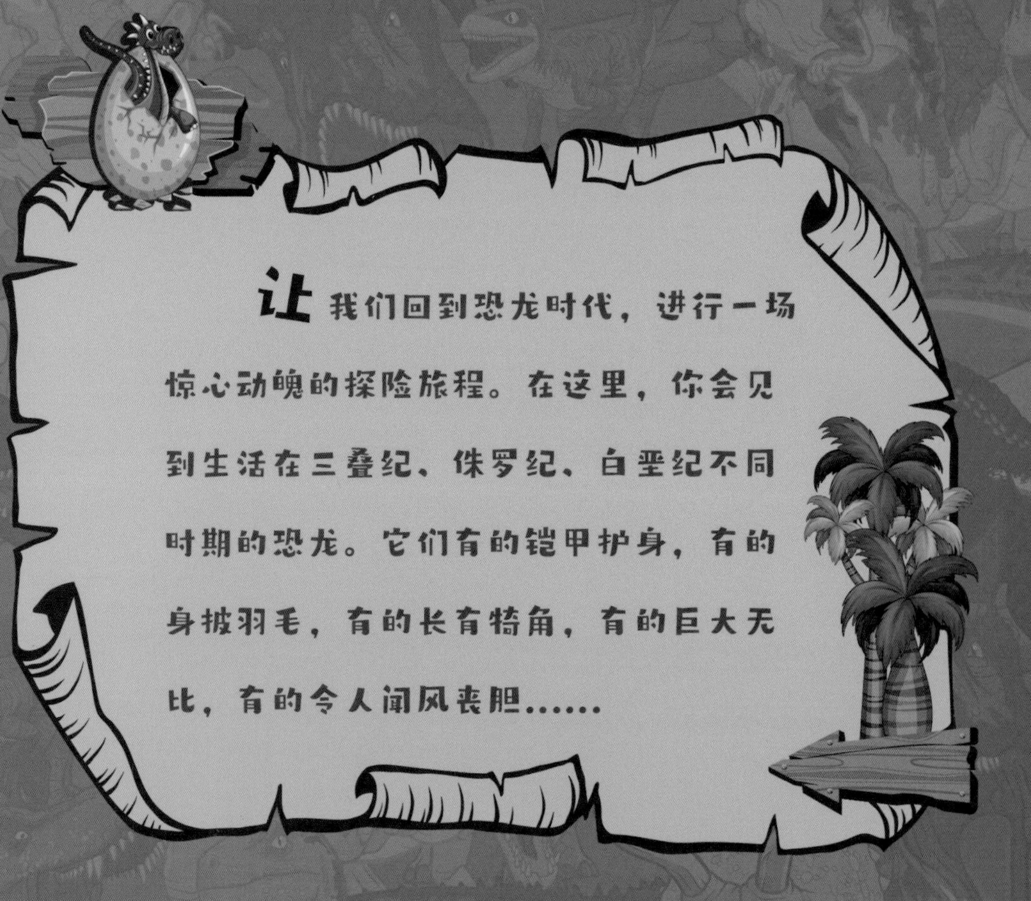

ISBN 978-7-5552-9869-4
定价：128.00 (全8本)